来发现吧，来思考吧，来动手实践吧
一套实用性体验型亲子共读书

7

365数学
趣味大百科

日本数学教育学会研究部 著
日本《儿童的科学》编辑部 著
卓 扬 译

U0191739

九州出版社
JIUZHOUPRESS

图书在版编目（CIP）数据

365 数学趣味大百科. 7 / 日本数学教育学会研究部，
日本《儿童的科学》编辑部著；卓扬译. -- 北京 ：九
州出版社，2019.11（2020.5 重印）

ISBN 978-7-5108-8420-7

Ⅰ . ①3… Ⅱ . ①日… ②日… ③卓… Ⅲ . ①数学—
儿童读物 Ⅳ . ① 01-49

中国版本图书馆 CIP 数据核字（2019）第 237295 号

著作权登记合同号：图字：01-2019-7161

SANSU-ZUKI NA KO NI SODATSU TANOSHII OHANASHI 365
by Nihon Sugaku Kyoiku Gakkai Kenkyubu, edited by Kodomo no Kagaku

Original Japanese edition published by Seibundo Shinkosha Publishing Co., Ltd.

This Simplified Chinese language edition published by arrangement with

Seibundo Shinkosha Publishing Co., Ltd., Tokyo in care of Tuttle-Mori Agency, Inc.,

Tokyo through Beijing Kareka Consultation Center, Beijing

来自 读者 的反馈
（日本亚马逊 买家 评论）

 id: Ryochan ————————————————

关于趣味数学的书有很多，像这种收录成一套大百科的确实不多。书里介绍了许多数学的不可思议的方法和趣人趣闻。连平时只爱看漫画类书的孩子，不用催促，也自顾自地看起了这本书。作为我个人来说，向大家推荐这套书。

id: 清六 ————————————————

这是我和孩子的睡前读物。书里的内容看起来比较轻松，也相对浅显易懂。

id: pomi ————————————————

一开始我是在一家博物馆的商店看到这套书的，随便翻翻感觉不错，所以就来亚马逊下单了。因为孩子年纪还小，所以我准备读给他听。

id: 公爵 ————————————————

孩子挺喜欢这套书的，爱读了才会有兴趣。

匿名

　　这是一套除了小孩也适合大人阅读的书，不少知识点还真不知道呢。非常适合亲子阅读。

 匿名

　　给侄子和侄女买了这套书。小学生和初中生，爸爸和妈妈，大家都可以看一看。

 id: GODFREE

　　从简单的数字开始认识数学，用新的角度发现事物的其他模样，这套书让孩子尝试全新的探索方式。数学给我们带来的思维启发，对于今后的成长也大有裨益。

 id: Francois

　　我是买给三年级的孩子的。如何让这个年纪的孩子对数学感兴趣，还挺叫人发愁的。其实不只是孩子，我们家都是更擅长文科，还真是苦恼呢。在亲子共读的时候，我发现这套书的用语和概念都比较浅显有趣，让人有兴致认真读下来。

 id: NATSUT

　　我是小学高年级的班主任。为了让大家对数学更感兴趣，我为班级的图书馆购置了这套书。这套书是全彩的，有许多插画，很适合孩子阅读。

目　录

 图标介绍

 计算中的数学

 测量中的数学

 图形中的数学

 规律中的数学

 历史中的数字

 生活中的数学

 数学名人小故事

 游戏中的数学

 体验中的数学

目 录

本书使用指南

图标类型

本书基于小学数学教科书中"数与代数""统计与概率""图形与几何""综合与实践"等内容，积极引入生活中的数学话题，以及"动手做""动手玩"的内容。本书一共出现了 9 种图标。

计算中的数学
内容涉及数的认识和表达、运算的方法与规律。对应小学数学知识点"数与代数"：数的认识、数的运算、式与方程等。

测量中的数学
内容涉及常用的计量单位及进率、单名数与复名数互化。对应小学数学知识点"数与代数"：常见的量等。

规律中的数学
内容涉及数据的收集和整理，对事物的变化规律进行判断。对应小学数学知识点"统计与概率"：统计、随机现象发生的可能性；"数与代数"：数的运算等。

图形中的数学
内容涉及平面图形和立体图形的观察与认识。对应小学数学知识点"图形与几何"：平面图形和立体图形的认识、图形的运动、图形与位置。

历史中的数学
数和运算并不是凭空出现的。回溯它们的过去，有助于我们看到数学的进步，也更加了解数学。

生活中的数学
数学并不是禁锢在课本里的东西。我们可以在每一天的日常生活中，与数学相遇、对话和思考。

数学名人小故事
在数学历史上，出现了许多影响世界的数学家。与他们相遇，你可以知道数学在工作和研究中的巨大作用。

游戏中的数学
通过数学魔法和益智游戏，发掘数和图形的趣味。在这部分，我们可能要一边拿着纸、铅笔、扑克和计算器，一边进行阅读。

体验中的数学
通过动手，体验数和图形的趣味。在这部分，需要准备纸、剪刀、胶水、胶带等工具。

作者
各位作者都是活跃于一线教学的教育工作者。他们与孩子接触密切，能以一线教师的视角进行撰写。

阅读日期
可以记录下孩子独立阅读或亲子共读的日期。此外，为了满足重复阅读或多人阅读的需求，设置有 3 个记录位置。

日期
从 1 月 1 日到 12 月 31 日，每天一个数学小故事。希望在本书的陪伴下，大家每天多爱数学一点点。

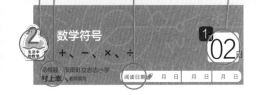

迷你便签
补充或介绍一些与本日内容相关的小知识。

引导"亲子体验"的栏目
本书的体验型特点在这一部分展现得淋漓尽致。通过"做一做""查一查""记一记"等方式，与家人、朋友共享数学的乐趣吧！

礼品套装的装法，数量不一怎样才能成套

神奈川县　川崎市立土桥小学

山本直老师撰写

阅读日期　　月　日　　月　日　　月　日

方便的礼品套装

在日本有送礼的习惯，人们会在夏天的"中元"和年末的"岁暮"，向给予自己照顾的人赠送礼物，以表达感谢之情。在此期间，许多商店会将几种受欢迎的商品进行组合，以礼品套装的形式进行销售。根据商品种类和数量，会有许多组合的方法。

一共可以装几套？

假设在某家商店销售的日用品礼品套装里，共有 3 条毛巾、4 盒纸巾、5 块香皂。调查一下仓库，已知 3 种商品的库存都有 50 件。

一共可以装几套？

那么，一共可以装几个礼品套装？

首先，计算毛巾。每个套装里有 3 条毛巾，$50 \div 3 = 16 \cdots\cdots 2$，可知装完 16 个礼品套装后，还剩下 2 条毛巾。然后，计算纸巾。每个套装里有 4 盒纸巾，$50 \div 4 = 12 \cdots\cdots 2$，可知能装 12 个礼品套装。最后，

计算香皂。每个套装里有 5 块香皂，50÷5 = 10，可知正好能装 10 个礼品套装。因此，由这 3 种商品组成的礼品套装，一共能装 10 个。

毛巾和纸巾都有剩余，但香皂已经不够了。在礼品套装中，因为香皂的需求量最大，所以应该首先考虑香皂能装的量。

多谢您的照顾！

如何把库存用光？

需要如何进货，才能把库存都用完呢？首先，我们已经知道毛巾装完 16 个礼品套装后，还剩下 2 条。那么，就再进货 1 条毛巾，装成 17 个礼品套装。这时，纸巾和香皂的数量也要符合 17 个礼品套装的量。纸巾一共需要 4×17 = 68 盒，香皂一共需要 5×17 = 85 块。减去原库存的 50 件，还需要再进货 18 盒纸巾、35 块香皂。装好了 17 个礼品套装后，仓库里的 3 种商品也都使用完了。

迷你便签

51 条毛巾、68 盒纸巾、85 块香皂的数量，都可以被 17 整除。

一年最中间的是几月几日

御茶水女子大学附属小学
冈田纮子老师撰写

一年最中间的是哪一天？

假设一年有 365 天（闰年 366 天），最中间的是几月几日？一年有 12 个月，所以 6 月 30 日就是最中间的日子吗？我们一起来验证一下，到底哪一天处在一年的最中间。

365 日除以 2，$365 \div 2 = 182 \cdots\cdots 1$。因此可知，一年最中间的是第 183 天。那么，一年中的第 183 天是几月几日？

"西向武士"是什么？

从 1 月开始把每个月的天数相加，就可以发现 183 天了吧。一年之中，有 31 天的"大月"，30 天的"小月"，还有 28 天的 2 月。在日本，人们通过一个双关语，就能简单记住非"大月"的月份。

这个双关语就是"西向武士"。日语"西"的读音，代表 2 月和 4 月。日语"向"的读音，代表 6 月和 9 月。那么"武士"又代表哪个月份？原来，武士的"士"可以拆分成十和一，因此就代表 11 月。

好了，请数一数 1 月到 6 月的天数。

31（1 月）+ 28（2 月）+ 31（3 月）+ 30（4 月）+ 31（5 月）+ 30（6 月）= 181

可知 6 月 30 日是一年中的第 181 天，7 月 1 日是第 182 天，7

月 2 日是第 183 天。这样，我们就知道哪一天才是处在一年的最中间。

我们还可以知道，7 月 2 日的中午就是一年最中间的时刻。

把月份和日期的数字相加，和最小的是 1 月 1 日（1 + 1 = 2）。那么，在月份和日期的数字相加得 20 的前提下，能得到最大和的是几月几日呢？

泰勒斯发现测量金字塔高度的方法

岩手县　久慈市教育委员会

小森笃 老师撰写

泰勒斯首次测量了金字塔

金字塔是古埃及国王的陵寝。古埃及人辛勤地搬运、垒石，造就了这一伟大的遗迹。

在金字塔建造之后的 4000 年内，一直没有人能够测量到它的高度。第一个发现测量金字塔高度方法的人，是距今 2500 年前的泰勒斯。

如何测量金字塔的高度？

史料记载，泰勒斯曾利用一根木棒，测出了金字塔的高度。他的方法是：在地面上立一根木棒，当木棒高度和木棒影子长度相同的那

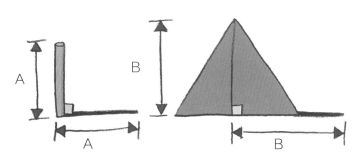

一时刻，测量金字塔影子的长度。因为在太阳位置相同的情况下，如果木棒高度和木棒影子长度相同，那么金字塔的高度也会和金字塔影子的长度相同。由此便可测量出金字塔的高度。

泰勒斯的发现，让当时候的古埃及法老很是震惊。

试一试

测量建筑和大树的高度

使用泰勒斯的方法，来测一测学校里教学楼和大树的高度吧。需要准备工具是，50 厘米的木棒、三角板、卷尺。如图所示，和小伙伴一起来挑战一下吧！

当木棒高度和木棒影子长度相同的那一时刻，测量大树影子的长度。

泰勒斯，是古希腊时期的思想家、科学家、哲学家，古希腊七贤之一，他创建了古希腊最早的哲学学派。

运算的窍门③——
人有我有

东京都　杉并区立高井户第三小学
吉田映子老师撰写

阅读日期　　月　日　　　月　日　　　月　日

一个小小的窍门

来算一算这道减法题：67 - 30。

你一定会说："这也太简单了吧。"答案是 37。

再来算一算这道题：72 - 29。

涉及退位运算，稍微得想一想了。

这时，使用一点儿小小的窍门，就可以让运算更加简便。如果减数是几十的形式，那就很简单了。而 29 加上 1 就是 30，所以先让减数 29 变身为 30。

72 - 30 = 42。

算得答案之后，加上多减的 1，正确答案就出来啦。42 + 1 = 43，正确答案就是 43。

是不是一个很实用、很简单的小窍门呢。

小窍门的变形

之前在计算 72 - 29 时，先把 29 加上 1，以 30 来进行计算，最后加上 1。那么，我们可以让加上 1 的步骤，在最开始就同步进行吗？这当然是可以的（图 1）。

图1

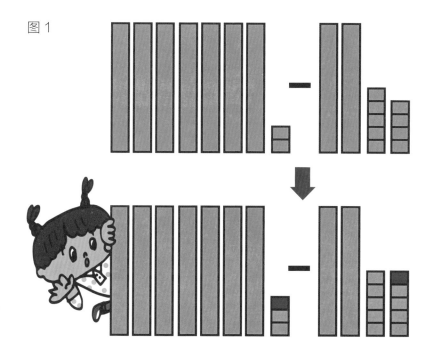

73 - 30 = 43。最后的差相同，72 - 29 = 73 - 30

它们的答案都是 43，所以中间用"=（等号）"连接起来。再来算一算 54 - 21，被减数和减数都减去 1，差不变。

在减法中，被减数和减数同时加上或减去某数，差不变。使用这个方法，可以让减法变得简单。

利用"人有我有"的方法，你也来试一试 193 - 68 吧。

面对复杂数字的减法，可以先将减数化为好算的数（如 30、200 等），再进行运算。如果想复习加法的运算小窍门，请见 6 月 5 日。

单腿跳游戏
的脚印有几个

7月

05日

福冈县 田川郡川崎町立川崎小学
高濑大辅老师撰写

阅读日期　月　日　月　日　月　日

用图来表示脚印

单腿跳游戏，是日本传统的民间儿童游戏。大家一边唱着歌，一边跟着节拍，单腿跳起来。

"单腿单腿跳，单腿单腿跳，单腿跳，单腿跳，单腿单腿跳。"跟随着节拍，保持好平衡，动起你的脚。

这里有个问题，单腿跳游戏会留下怎样的脚印呢？大家一起拍一拍节奏，好好想一想，答案可能出来了：有人觉得是 13 个脚印，有人觉得有 18 个脚印。

在没有把握的情况下，我们可以画一画图，让抽象的问题变成直观的图形。如图 1 所示，这就是单腿跳游戏的脚印示意图。要注意的是，示意图中用●来表示脚印，这样画起来方便，看着也清爽。

图 1

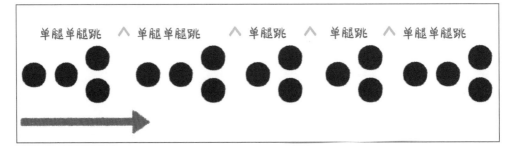

用算式来表示图

如果用算式来表示图 1，会是怎样的算式呢？

4 + 4 + 3 + 3 + 4   2 + 2 + 2 + 2 + 3 + 3 + 2 + 2

2×6 + 3×2   4×3 + 3×2

如上所示，可以用多种算式来表示。同一张示意图，对于●采用不同的归类方法，就会产生不同的算式。

如果我们稍微改变单腿跳游戏的节奏，又会留下怎样的脚印呢？

如图 2 所示，这是单腿跳游戏的另一种跳法。根据算式，你可以看出它是怎样对●进行归类的吗？好好想一想，用□圈出来吧。

在我们面前，虽然没有实际的脚印，但通过画图和算式，我们可以知道总共有 21 个脚印。

图2

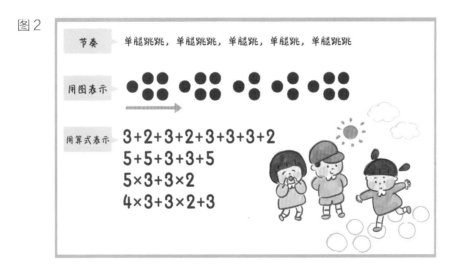

在观察数和图的时候，归类也是一种很有用的方法。

信号灯里有几个 LED 小灯泡

7月 06日

青森县 三户町立三户小学
种市芳丈老师撰写

阅读日期 ✏ 　月　日　│　月　日　│　月　日

图1

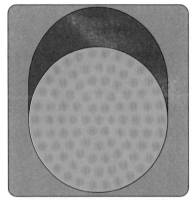

供图 /photo library

仔细观察信号灯……

当信号灯显示红灯时，我们停下脚步。在等待绿灯的过程中，你是否仔细观察过它们呢？如图1所示，在信号灯里聚集着许多 LED 小灯泡。今天，我们就来数一数一共有多少个 LED 小灯泡。

有两种数灯泡的方法

如图1所示，LED 小灯泡按照一定的规律，整齐地排列好。我们可以用不同的方法来数出它们。

方法1 当成烟花

如图2所示，将小灯泡用不同颜色标记，看起来就像烟花绽放一样。从里侧到外侧依次数出灯泡数量并相加：1 + 6 + 12 + 18 + 24 + 30 = 91。除了中心以外，每一圈的灯泡数量都是6与其他数字的乘积。

方法 2 分成扇形

留下正中间的一个灯泡，将其余小灯泡组成 6 个相同大小的扇形（图 3）。1 个扇形里的灯泡数量：1 + 2 + 3 + 4 + 5 = 15。15×6 + 1 = 91，就是一共的灯泡数量。

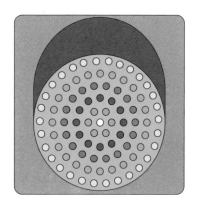

图 2

实际的信号灯最外侧是 30 + 1 个小灯泡，因此一共是 92 个小灯泡。

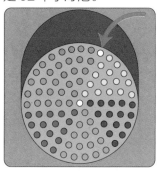

图 3

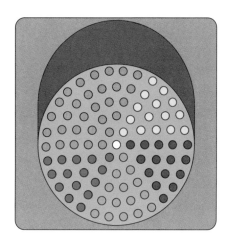

 在日本，不同信号灯制造商生产的信号灯，其中的 LED 小灯泡的数量会有不同。除了 92 个小灯泡的规格，还有 191 个小灯泡的规格。

夜空中浮现的三角形

7月 07日

岛根县　饭南町立志志小学

村上幸人 老师撰写

阅读日期　月　日　月　日　月　日

仰望夏日的夜空

4月12日，我们一起找到了许多身边的三角形。还记得那时候，一起仰望星空的样子吗？

月色如水，繁星点点，往东南方望去，可以看见3颗明亮的星星。将这3颗亮星连起来，就会发现一个大大的三角形出现在我们的头顶。

今天，同样也是向东南方望去，同样也看见3颗明亮的星星。而

这 3 颗亮星连接起来的大三角形，和春天的似乎有些不一样。3 颗星星的亮度、三角形周围星星的样子……没错，我们仰望的星星"换角"了，它们组成的也不是"春季大三角"了。

美好的夏季大三角

这 3 颗亮星分别是天琴座的一等星"织女一"、天鹰座的一等星"河鼓二"和天鹅座的一等星"天津四"。它们在夏日夜空中，画出了一个大大的"夏季大三角"。

盯着不在同一条直线的 3 个点，就可以看到一个三角形哟。

七夕夜空闪耀的星星

"夏季大三角"中的织女一和河鼓二有着更为人熟知的俗称，就是"织女星"和"牛郎星"。仰望夜空，只见织女星与牛郎星之间，流淌着银河，它们一个在西岸，一个在东岸，相对遥望。

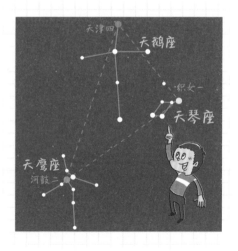

夜空中闪耀的星星看起来像在一个平面上，但其实它们与地球的距离各不相同。

大家的答案都一样

7月 08日

东京学艺大学附属小学

高桥丈夫 老师撰写

阅读日期　　　月　日　　　月　日　　　月　日

来玩吧！神奇的游戏

今天，我们要玩一个大家答案都会相同的游戏。请按照图1的规则，一起来试一试吧。

大家的答案，应该都会是3。

玩游戏的人一个一个地报出答案，当意识到这不是偶然的时候，请尽情展露吃惊的表情吧。

如果将步骤3里的加6，变成加上其他的数字，最后的答案也会

图1

① 从1到9中任意选择一个数。

② 用选择的数乘以2。

③ 将步骤②的答案加上6。

④ 将步骤③的答案除以2。

⑤ 将步骤④的答案减去选择的数。

⑥ 结果是多少？

喵喵

发生变化哟。快来加入到这场游戏中吧。

神奇的奥秘

马上就来揭晓游戏的秘密。

首先，我们把游戏过程用算式来表现出来：（选择的数 ×2 + 6）÷2 - 选择的数。

如图 2 所示，计算这个算式。

从解题过程可以看到，最后的结果与选择的数并没有关系，答案是 3。

图 2

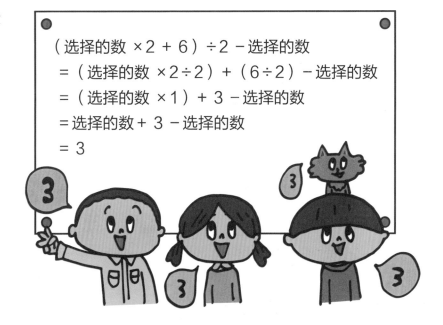

（选择的数 ×2 + 6）÷2 - 选择的数
= （选择的数 ×2÷2）+（6÷2）- 选择的数
= （选择的数 ×1）+ 3 - 选择的数
= 选择的数 + 3 - 选择的数
= 3

在计算中，灵活排列数字顺序、巧妙地使用括号，就能创造出有意思的数学游戏。你也来试一试吧。

天才牛顿是数学达人

明星大学客座教授
细水保宏老师撰写

热爱数学的少年

　　一个苹果从树上坠落，从而让一个人产生了有关万有引力的灵感。你知道他是谁吗？没错，就是大家耳熟能详的英国科学巨匠牛顿。

　　艾萨克·牛顿（1642-1727 年）出生于英国林肯郡乡下的一个小村落，年少时的他不擅长与人交往，总是一个人看书，一个人用木头做成各种模型。

牛顿 18 岁进入了剑桥大学三一学院。那时，学院教学还只是基于亚里士多德的学说，并没有开设他喜欢的数学课和物理课。在这期间，牛顿大量阅读先进科学与数学的书籍，并开始一个人的研究。他自己做道具，自己做实验，把灵感与疑问记在本上，努力去寻找它们的答案。他的数学本，很快就被图形和算式给淹没了。

发现"万有引力"

1665 年，牛顿获得了学位。就在这时，严重的鼠疫席卷了英国，剑桥大学因此而停课，牛顿回到了家乡伍尔索普村，在家中继续进行研究。

他把所有的热情投入到热爱的数学中。在此期间，牛顿发现了不规则图形面积和曲线长度的计算方法。在那个没有计算器的年代，几十位数的运算在牛顿的大脑中进行。

有一天，牛顿目不转睛地看着院子里的苹果树，沉浸在自我的世界里："苹果会从树上落到地上，是因为地球重力的作用。那么，为什么月球不会像苹果这样，落下来呢？地球与月球之间，应该存在一种互相作用的引力，并保持一种平衡。可能就是这种神秘的力量，导致了宇宙万物运动的规律……"

这一灵感的果实，就是后来广为人知的"万有引力定律"。在牛顿返回伍尔索普村的一年半中，诞生了许多至今仍为人称道的大发现。

伍尔索普庄园的"牛顿苹果树"，通过枝条嫁接，在东京的小石川植物园等地生根发芽。虽然牛顿与苹果的故事非常有名，但它的真实性并不可考。

才不要玩不公平的投球游戏

福冈县　田川郡川崎町立川崎小学
高濑大辅老师撰写

阅读日期　月　日　月　日　月　日

图1

怎样才能让大家与目标一样近？

今天，我们来玩投球游戏吧。大家站在划线圈外，往中心位置的目标盒子投球，谁投中的球最多，谁就赢啦（图1）。

奇怪的是，游戏开始后不久，就传来小伙伴们的反对声。

"这不公平！"为什么不公平呢？

"离目标近的人太狡猾啦。""大家的距离应该相同！"

看来，大家对划线圈的形状，都不太满意呀。那好，大家就来讨论讨论用什么形状吧。

"用正方形或三角形吧。"

"不管在哪里投球，距离都应该相等的形状。"

那么，我们采用正方形，再来玩一轮。可是游戏开始后不久，又传来小伙伴们的反对声。

"这还是不公平。"

反对声音最大的是站在哪里的小伙伴呢？

原来，位于正方形 4 个顶点上的人，比其他人到目标盒子的距离
都要远。对于正三角形，也是同样，3 个顶点到目标盒子的距离比其
他人都要远（图 2）。

图 2

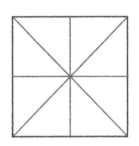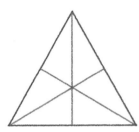

圆是最温柔的形状？

到底该用什么形状，才能让小伙伴　　图 3
不管在哪里投球，距离都能相等呢？

"圆形看上去不错。"

"不管站在哪里投球，距离都是相
等的。"

"这样对大家都公平。"

讨论出了结果，决定好了画圆圈，
大家终于可以开开心心地玩投球游戏了。圆，真是一个对大家都很温
柔的图形呀。

在一个平面内，以一个固定的点为中心，另一个点围绕它以相同距
离旋转一周所形成的封闭曲线，叫作"圆"（详见 4 月 14 日）。

从正方形里冒出的各种图形

7月11日

北海道教育大学附属札幌小学
泷泷平悠史老师撰写

阅读日期　　月　日　　月　日　　月　日

将正方形的纸经过几次对折成三角形后，剪掉"山顶"，就会出现奇妙的图形。随着对折次数的不同，出现的图形也在变化。下一次又会出现什么图形呢？真让人期待啊！

准备材料

▶ 折纸用纸
▶ 剪刀

● 对折、对折、剪掉

首先，将正方形的纸沿对角线折叠，可以获得三角形。再对折1 次，还是一个三角形。

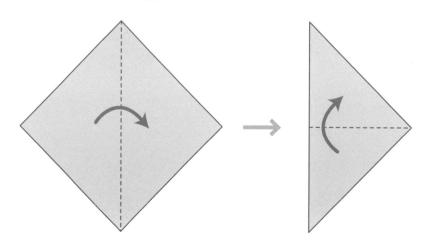

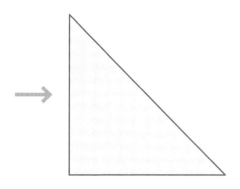

然后，把三角形的"山顶"剪掉。猜一猜，把纸展开后，会是什么图形呢？

剪了之后像富士山

猜一猜

● 将剪完的纸展开

慢慢展开纸，原来是这样的形状啊。你猜对了吗？

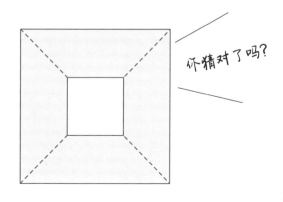

你猜对了吗？

● 对折、对折、对折、剪掉

这次，我们将正方形的纸对折 3 次，获得一个三角形。

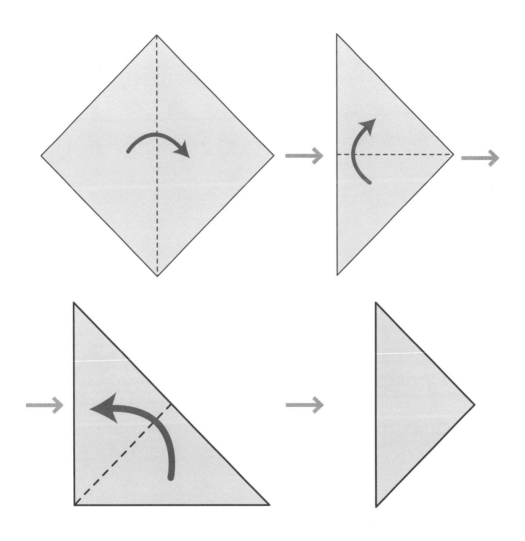

　　然后，把三角形的"山顶"剪掉。再来猜一猜，把纸展开后会是什么图形呢？

与之前相比，三角形要小一点，纸要厚一点。剪纸的时候要小心哦。

猜一猜

● 答案就在这里面

答案就在这 4 个选项里面，会是哪个图形呢？

正确答案是 B！

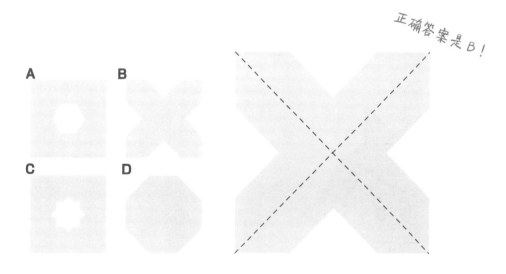

A   B

C   D

迷你便签

再来挑战一下"对折、对折、对折、对折、剪掉"吧。4 次对折之后，三角形会更小更厚一些，剪纸的时候可以让家人帮帮忙。

表示数字的词缀
tetra、tri、oct

东京都　丰岛区立高松小学
细萱裕子老师撰写

7月
12日

阅读日期　月　日　月　日　月　日

四面体包装和四脚锥体

图 1

正四面体

你见过利乐传统包（tetra pak）吗？它也被称为利乐四面体纸包装，是利乐公司在 1952 年推出的第一种正四面体包装。如图 1 所示，由 4 个正三角形组成的立体图形，叫作正四面体。现在，利乐传统包常用作牛奶和茶包的包装（图 2）。

此外，你听说过四脚锥体构件（tetrapod）吗？它是一种护堤用的混凝土四脚构件，也叫防浪混凝土块。这种构件具有良好的透水性，通常被放置在海岸边，用于减小波浪对海岸的冲刷，提高堤岸的稳定性（图 3）。

图 2

牛奶

茶

来自希腊语的词缀

这两个词的相同之处，是词语前缀

都是 tetra，它的含义是 4。tetra 源自希腊语，是一个表示数字的词缀。

图3

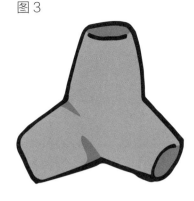

此外，还有表示 3 的词缀 tri，如三人一组（trio）、三角形（triangle）、铁人三项运动（triathlon）；表示 8 的词缀 octo，八度音阶（octave）、八脚章鱼（octopus）。

这些表示数字的词缀真是有趣。如果记住了它们，在遇到不认识的词语时，也可能会猜出意思哟。

源自希腊语的词缀

这些表示数字的前缀源自希腊语，在这里我们收集了表示 1-10 的词缀，快来看看吧。

1（mono）单轨铁路（monorail）
2（di）进退两难（dilemma）
3（tri）三角龙（triceratops）
4（tetra）利乐四面体纸包装（Tetra Pak）
5（penta）五边形（pentagon）
6（hexa）六边形（hexagon）
7（hepta）七边形（heptagon）
8（octo）八度音阶（octave）
9（ennea）九边形（enneagon）
10（deca）十边形（decagon）

迷你便签

护堤用的四脚锥体构建诞生自法国。为了在日本进行推广，便成立了日本四脚锥体有限公司（现在的不动四脚有限公司）。不动四脚公司的商标图案就是一个四脚锥体构件。

圆的圆心 如何移动

学习院小学部
大泽隆之老师撰写

让圆转起来

图1

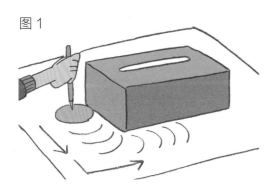

在卡纸上画一个圆，画好后剪下来，并在圆心戳一个小洞。把铅笔戳进小洞里，带着圆形卡纸绕纸盒转一圈。你猜会画出怎样的线条来（图1）？

特别是在纸盒的转角处，会留下怎样的线条呢，是尖角，还是圆角？赶紧动手画一画吧（图2）。

图2

是哪个呢？

画好了之后，答案也就出来了——是圆角。圆角的部分，就像是用圆规画出来的一样。

图3

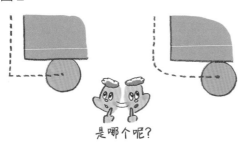

很简单呀！

再来试试在纸盒里面绕着转一圈，你猜转角处会画出怎样的线条来，还是圆角吗（图3）？

这一次画出来的样子是左侧的示意图，是尖角。真是有趣啊。

在纸盒内、外都做了实验，你已经满足了吗？还可以在三角形、圆等图形的内外画一画线条呢。

图 4

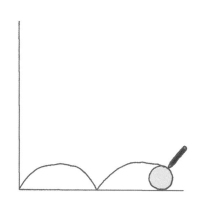

在圆形卡纸的不同位置戳出小洞，然后把铅笔戳进小洞，就能画出圆规所画不出来的线条。大家也可以在正三角形或正方形上试试哟。

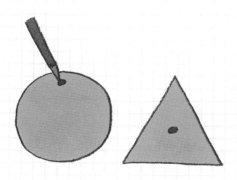

如图 4 所示，把铅笔固定在圆的边上。当圆沿一条直线运动时，铅笔画出的轨迹叫作"摆线"。

7 的倍数的判断方法

东京学艺大学附属小学
高桥丈夫 老师撰写

这是 7 的倍数吗？

今天，我们来教一个关于 7 的倍数的判断方法。判断对象，是超越九九乘法表之外的三位数。

在判断三位数之前，我们先来看一下两位数的 7 的倍数，都有哪些数呢？ 九九乘法表里已经算到了 63，接下来分别是 70、77、84、91、98，请记好这些数字。

如图 1 所示，这就是三位数中，7 的倍数的判断方法。

用计算来验证吧

假设我们需要判断一下 861 是不是 7 的倍数。861 的百位数是

图 1

7 的倍数判定法

百位数 ×2 + 后两位
如果计算结果是 7 的倍数，
那么这个数就是 7 的倍数

8，后两位是61。首先，计算 8×2 = 16。16 加上后两位的 61，即 16 + 61 = 77。77 是 7 的倍数，通过判断方法我们可知：861 也是 7 的倍数（图 2）。

图 2

【百位数 ×2 + 后两位】

861

×2↓

16 + 61 = 77

77 是 7 的倍数

我们再来判断一下 798。先进行"百位数 ×2 + 后两位"的计算，7×2 + 98 = 14 + 98 = 112。然后再对这个三位数使用一次判断法，1×2 + 12 = 14（图 3），是 7 的倍数。

通过计算验证一下：798 ÷ 7 = 114，798 可以被 7 整除。

图 3

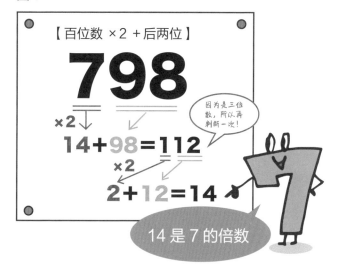

【百位数 ×2 + 后两位】

798

×2↓

因为是三位数，所以再判断一次！

14 + 98 = 112

×2

2 + 12 = 14

14 是 7 的倍数

迷你便签

四位数也可以判断是否为 7 的倍数。前两位 ×2 + 后两位，如果计算结果是 7 的倍数，这个数就是 7 的倍数。

游击式暴雨的降雨量有多少

东京学艺大学附属小学
高桥丈夫老师撰写

阅读日期 　月　日　　月　日　　月　日

装满多少个塑料瓶？

对于"暴雨"这个词，想必大家都不会陌生吧。在中国，24小时降水量在50毫米及以上的雨叫作"暴雨"，降雨量在250毫米及以上的雨叫作"特大暴雨"。而在日本，人们把短时间内在某一小块地区的大量降水称为"游击式暴雨"，1小时的降水量可超过100毫米。

降水量指的是，在一定时间内，降落在水平地面上的水，未经蒸发、渗透、流失情况下累计的深度。

降水量达到100毫米的"游击式暴雨"，究竟有多大呢？如果用500毫升的塑料瓶来装边长为1米地面上的雨水，一共能装满多少个塑料瓶？

答案是200瓶。"游击式暴雨"来势凶猛，在短短几十分钟内就降下瓢泼大雨，怪不得会造成严重的灾害。

降水量 100 毫米等于 100 升的水

雨水能装满 200 瓶又是怎么算出来的？我们来详细说明一下。

想象一下这样的场景：在一个边长为 1 米的正方形透明盆上方，有雨水落下。

1 小时降水量 100 毫米，指的是降落的雨水达到水层深度 100 毫米。也就是说，在这个透明方形盆里积攒了 10 厘米深的水。

边长为 10 厘米的正方体透明小盒，它的容量是 1 升。把 100 个透明方盒整齐摆放，横竖各排列 10 个方盒，此时它们的容量与边长为 1 米的透明方形盆是一样的。1 小时降水量 100 毫米，意味着在 1 平方米面积中降下的雨量达到 100 升。小小的 1 毫米降水量，代表每 1 平方米的雨量却足足有 1 升（见 2 月 10 日）。

迷你便签

看来，在我们身边看似平常的单位都不简单呢，寻找到它们"不简单"的地方，也是件趣事哟。

冰激淋球的搭配

北海道教育大学附属札幌小学
泷泷平悠史老师撰写

阅读日期　　月　日　　月　日　　月　日

买冰激凌球去喽

夏日炎炎，已经到了吃冰激淋的季节啦。走着，这就去买冰激淋咯。今天就稍稍奢侈一些，买 2 个冰激淋球吧。

冰激淋店里提供了 5 种口味的冰激淋（图 1）。

请你在里面选出 2 种口味的冰激淋，有几种搭配方法呢？

草莓 ○
香草 ○
巧克力 ●
薄荷 ○
汽水 ○

图 1

假设已经选择了 1 个草莓冰激淋球。那么除了草莓，还有 4 种口味。因此，草莓和其他 4 种口味的组合，一共有 4 组（图 2）。

图 2

同样，如果选择了 1 个香草冰激淋球，那么香草和其他 4 种口味的组合，一共也是 4 组。以此类推，选择巧克力、薄荷、汽水口味后的搭配组合也都是 4 组。4 × 5 = 20，一共有 20 组搭配（图 3）。

图 3

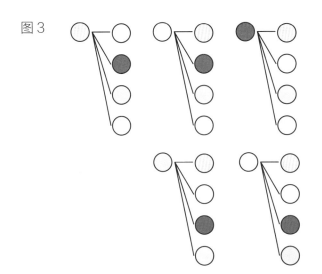

注意相同的组合

仔细观察这 20 组冰激淋球的搭配，发现什么奇怪的地方了吗？用□圈出来的冰激淋球，是重复出现的搭配（图 4）。

要从 20 组搭配中减去重复的 10 组，因此，一共是 10 组。和最初的猜想，整整差了一半呢。

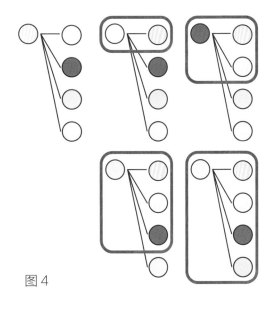

图 4

当冰激淋球不是放在纸盒里，而是放在脆皮筒里出售时，搭配方法又有了变化。巧克力上叠着香草，香草上叠着巧克力，像这样口味相同但顺序不同的情况，就算作是不同的搭配。因此，冰激淋脆皮筒一共可以有 20 种搭配方法。

货币的大小和重量

御茶水女子大学附属小学
久下谷明老师撰写

1日元硬币的直径

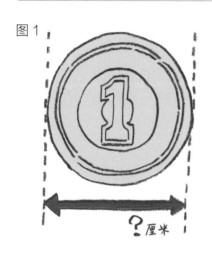

图1

?厘米

你认为1日元硬币的直径是多少厘米（图1）？请从以下三个选项中，选择一个答案。

①1厘米　②2厘米　③3厘米

那么到底是几厘米呢？

既然是1日元硬币，那么大概就是1厘米吧。这个想法很美好，但答案却是②，2厘米。

今天的话题，与日本的货币有关，我们一起来看看货币的大小和重量吧。

1万日元纸币的重量

问题又来了，1日元硬币和1万日元纸币，哪一个重（图2）？

不卖关子，答案马上就来："差不多。"1日元硬币和1万日元纸币的重量都约为1克。从货币价值来看，10000个1日元硬币才抵得上1张1万日元纸币。从货币重量来看，它们却拥有差不多的重量，是不是很神奇呀。

图2

再来看看日本纸币的大小，它们的长相同，宽随着面值增大而略有增长（见2月18日）。而反观日本的硬币，则没有这种规律，比如50日元硬币的直径就比10日元、5日元硬币都要小。

哪一个重呢？

纸币破损了怎么办？

如果遇到纸币残缺、污损需要兑换的情况，可以到银行的营业网点，按照国家有关残缺纸币兑换规定兑换。在日本，会根据纸币票面剩余面积，来进行兑换。

① 票面剩余在 $\frac{2}{3}$ 以上，按原面额全额兑换。

② 票面剩余在 $\frac{2}{5}$ 以上、$\frac{2}{3}$ 以下，按原面额半数兑换。

③ 票面剩余在 $\frac{2}{5}$ 以下，不予兑换。

迷你便签

在日本，发行新货币时，会向社会征集设计方案，并从中进行选择。大家可以看到，在各种面值的货币中，只有5日元硬币上标注的是"五"，而不是阿拉伯数字"5"。那是因为在进行5日元硬币的方案评选时，正好选择了没有使用阿拉伯数字的设计方案。

过山车**不会掉下来吗**

东京都　丰岛区立高松小学
细萱裕子老师撰写

阅读日期　　月　日　　月　日　　月　日

水桶里的水洒不出来？

水桶里装上水，呼呼呼地转起来。当水桶转到头顶时，里面的水居然纹丝不动，没有洒出来。这是为什么呢？

这是因为"离心力"的作用，它让水牢牢地固定在水桶底部。因此，当水桶转到头顶时，水也不会洒出来。

此外，水桶旋转的速度越大，"离心力"就越大；旋转速度越小，"离心力"就越小。如果你慢慢地转动水桶，有可能会被浇

成落汤鸡哟。要想不让水洒出去，一定要快速地转起来，让"离心力"足够大。

神奇的"离心力"

你坐过过山车吗？过山车开起来的时候，会出现爬升、滑落和倒转。当过山车到达回环顶部时，乘客是完全倒转过来的。明明倒挂在高空中，我们却没有掉下来，这和水桶里的水，是一个道理。因为"离心力"的作用，让我们牢牢地固定在座位上，所以不会掉下来。

如果，过山车在进入倒转时速度变慢了……怎么办？你可能有这样的疑虑。不过别担心，过山车的行驶速度是经过精确计算的，已经考虑到高度等各种因素了。

小水桶转起来

在操场、运动场、游泳池旁等空旷的地方，来进行一个实验吧。准备一个轻便的小水桶，装上一些水，一边转起来一边改变旋转速度，感受这种变化带来的不同吧。小心，你可能会被水泼到哟。

哇啊

离心力是一种惯性力，它使旋转的物体远离旋转中心。当作圆周运动的物体受到的向心力减弱后，它就会脱离原来的轨道向外运动。

45

关于秒表的二三事

岛根县　饭南町立志志小学
村上幸人 老师撰写

阅读日期 📖　月　日　｜　月　日　｜　月　日

秒的世界

起跑，冲刺，50 米短跑真是一个体现快速跑能力和反应能力的项目。"9 秒""10 秒 14""8 秒 87"……按下秒表，从起点到终点所花费的时间，就能表示跑步的成绩。花费时间越少，跑步速度越快。

图 1

再看看短跑的成绩，脑中不由地浮现出一个大大的问号。在之前所学的内容里，时间的计算是 60 进制，即 60 分等于 1 小时，60 秒等于 1 分。因此，在表示分和秒的时候，几乎不会出现比 60 大的数字。不过当我们按下秒表，表示比 1 秒还短的时间时，就有可能出现比 60 大的数字。

机械秒表
供图 /NY-P/Shutterstock.com

秒中世界的 10 进制

研究一下手机上的秒表吧。按下秒表的启动键，只见分和秒都以 60 进制前进，但比 1 秒还短的时间却是以 10 进制前进。为什么使用的是不同的进制呢？ 仔细观察机械秒表的表盘刻度（图 1），一共有 60 个大刻度，每个大刻度表示 1 秒。而在大刻度里又有 4 个小刻度，每个小刻度表示 $\frac{1}{5}$ 秒。也就是说，在过去只能精确到 1 秒的 $\frac{1}{5}$，表示为"9 秒 2""8 秒 6"等。

图 2

电子表秒
供图 /ziviani/Shutterstock.com

在体育盛事中，秒表履行着记录瞬间的任务。人类不断超越自我，秒表也在超越。从一开始的 1 秒，到 1 秒 $\frac{1}{5}$、$\frac{1}{10}$，秒表的精度在不断地提高，因此也就采用了 10 进制。

假如最初开发出了精确到 $\frac{1}{60}$ 秒的秒表，或者说至少能开发出精确到 $\frac{1}{6}$ 秒（而不是 $\frac{1}{5}$ 秒）的秒表，那么现在比 1 秒短的时间可能采用的就是 60 进制了。此外，目前的科技已经能够测量 $\frac{1}{1000}$ 秒。

数字环的益智游戏

7月 20日

熊本县　熊本市立池上小学

藤本邦昭老师撰写

阅读日期　月　日　月　日　月　日

从1开始！数字环

图1

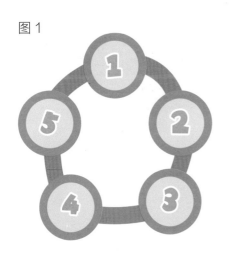

如图1所示，把数字1、2、3、4、5绕成一个环。在这个环上剪两刀，然后把相连的数字相加。

假设像图2这样剪两刀。短的部分可以得到3，长的部分数字之和就是12。从1开始，1、2、3、4……通过数字环的剪切，一共可以组成多少个数字呢？

图2

在哪里剪？要想好

要剪出1、2、3、4、5这几个数字，很简单，只需要把它们各自剪出来就可以了。

5和1紧挨着，所以剪出6也很方便。

那么，7又该如何剪呢？5+2虽然等于7，但是在5和

图3

2中间，还隔着一个1，只剪两次是剪不出来的。转换一下思路，3和4紧挨着，所以就是它们啦（图3）。

想一想，剪一剪，继续剪出其他数字吧。

益智游戏升级！

增加数字环的数字个数，或者变化数字环的数字，就可以得到许多数字环益智游戏的升级版了。

（答案）8 = 5 + 1 + 2，9 = 5 + 4（或2 + 3 + 4），10 = 4 + 5 + 1（或1 + 2 + 3 + 4），11 = 除4之外的数字之和，12 = 除3之外的数字之和……什么都不剪，可以得到15。

49

东京都　杉并区立高井户第三小学

吉田映子老师撰写

阅读日期　月　日　　月　日　　月　日

从2个纸环的中间剪开

请准备好纸、剪刀和胶水。首先，把纸剪成长条形，并将两端用胶水粘起来。然后，用剪刀从纸环中间剪开（图1）。

图1

我们得到了2个纸环。到这一步为止，不神奇，很平常。

这2个纸环要怎么加工？如图2所示，首先，将纸环恢复成2个长纸条，并粘贴成十字形。然后，分别将纸条两端用胶水粘起来，于是有了套在一起的2个纸环。

从2个纸环的中间剪开……

哎呀，怎么变成了1个大大的正方形。从圆环到正方形，这一步很神奇吧。

图2

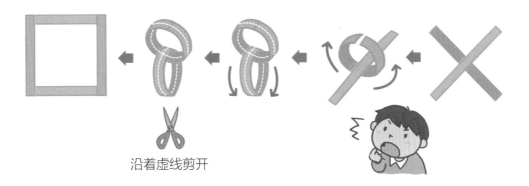

沿着虚线剪开

从3个纸环的中间剪开

让我们试着再增加一个纸环。首先，按之前的方法做出2个套在一起的纸环。然后，在纸环上方再套上1个纸环。

那么，从3个纸环的中间剪开……

哎呀，这次剪出了2个大大的长方形。从3个圆环到2个长方形，这一步，更加神奇了吧。

图3

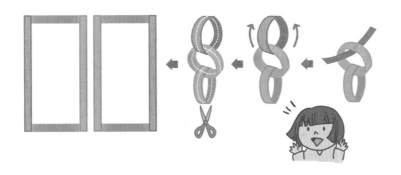

如果改变纸条的长度和粘贴角度，剪出来的形状也会不一样。各种各样的长度和角度，等着你来尝试哟。

51

没有卷尺也可以测量 100 米

青森县 三户町立三户小学
种市芳丈 老师撰写

你知道自己的步幅吗？

使用卷尺，可以简单地测量出 100 米的长度。不过，当我们身边没有卷尺的时候，还能够测量出长度吗？记住以下的方法，可以举一反三哟。

·步测

步测是一种简易测量距离的方法，可以根据步数测量行走的距离。在日本的江户时代，伊能忠敬正是利用这个方法，"走"出了日本地图（见 6 月 2 日）。至今，职业高尔夫球手仍利用这个方法来测量距离。

图 1

使用步测的方法，首先要知道自己的步幅。行走 10 步，测量到的距离除以 10，就是步幅。假设你的步幅是 0.5 米（图 1），200 步走的距离就是 100 米。

使用电线杆和马路的白线

·电线杆

在日本，两根电线杆之间的距离大约是 30 米。因此，4 根电线杆之间的距离会达到 90 米，再用步测测量 10 米的距离，很快就能测量出 100 米。

· 马路的白线

在马路中间，我们会看到白色的线。在日本，白线的长度是 5 米，白线之间的距离也是 5 米，两者相加等于 10 米。也就是说，从第 1 条白线顶端到第 11 条白线顶端的距离，就是 100 米（图 2）。

图 2

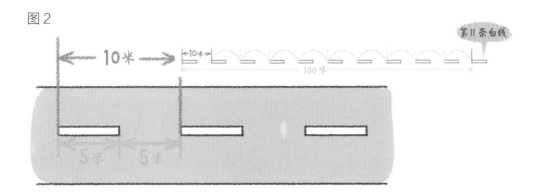

· 马路的护栏

在日本，马路中间的护栏大约是 4.3 米。100 ÷ 4.3 = 23.25，因此数完 23 个护栏，距离大约就是 100 米了。

在进行步测时，我们很难保证自己每一步的距离都是相等的，因此会产生误差。为了尽可能减少误差，伊能忠敬进行了步幅训练，使每次的步幅都保持在 69 厘米（见 6 月 2 日）。

纸对折多少次
就可以抵达月球呢

高知大学教育学部附属小学
高桥真老师撰写

对折几次就能抵达月球？

对折几次就能
抵达月球？

从地球到月球的距离，大约是 38 万千米。这么遥远的一段距离，如果从地球开车过去，要花多少时间呢？假设以时速 100 千米的速度昼夜不停地开，需要花 5 个月以上。关于这段距离，还有一个有趣的表示方法。

首先，准备一张纸。这张纸可以是学校里的复印纸、作文纸，或是其他常见的纸。然后，对折这张纸，再对折，再对折……像这样将一张纸对折 1 次、2 次、3 次……纸是越折越厚了。

那么，你认为将纸对折多少次就能抵达月球？

我们使用的纸的厚度大约是 0.08 毫米。纸张对折 1 次后，厚度变为 2 倍，也就是 0.16 毫米。对折 2 次后，厚度变为 2 倍，也就是 0.32 毫米。对折 3 次后，厚度继续变为 2 倍，也就是 0.64 毫米。重复对折 10 次后，厚度将达到 8 厘米。经过数次对折，纸张的厚度的确增加了不少，不过离抵达月球还差很远吧。

答案是43次!

哎呀呀，对折40次后，厚度居然达到了8.8万千米。对折41次后，厚度大概能达到17万千米。再接着第42次对折，厚度达到35万千米。在第43次对折后，厚度达到了70万千米！此时，已远远超过38万千米。

从地球到月球，是遥远的38万千米。如今这段距离，被一张纸对折43次后的厚度所打破了。数学，真是充满了奇妙。

厉害的"鼠算遗题"

如果让数字成倍增长，它很快就会变成庞大的数字。数学趣题"鼠算遗题"，就是这样的一道题："正月里，鼠父鼠母生了12只小鼠，大小鼠共14只。二月里，两代鼠全部配成对，每对鼠又各生了12只小鼠。这样下去，每月所有的鼠全部配对，每对鼠各生12只小鼠。12个月后，老鼠的总数是多少？"

当然在现实生活中，我们并不能把一张纸对折43次。但是在数学的世界里，人们能将现实所不能的事物，以数学思维进行思考。

声音为什么来得比较迟

东京都　丰岛区立高松小学
细萱裕子老师撰写

阅读日期　月　日　月　日　月　日

光速和声速

绽放在夜空中的烟花美极了，红、蓝、黄、绿等颜色在黑夜的衬托下，绚丽夺目。伴随着烟花，一声又一声的"嘭"在耳边炸响。

当我们在近处观看时，一看到烟花，马上就能听到"嘭"的一声。而如果站在远处，看到烟花之后要过一会儿，才能听到声响。这种现象，是因为"光传播速度"与"声音传播速度"不同而造成的。

光以每秒约 30 万千米的速度前行，也就是说，光在 1 秒内可以绕地球 7 圈半。速度如此之快，所以我们认为光是瞬间到达的。与此相对，声音在 1 秒内只能前行 0.34 千米，可以理解为前进 1 千米需要耗费 3 秒。假设我们在距离烟花燃放 1 千米的地方观赏烟花，烟花瞬间就可以看到，而那一声"嘭"则需要等待 3 秒钟。

雷电是远？是近？

闪电过后，我们会听到"轰隆隆"的雷声。你测量过闪电与雷声之间的时间差吗？"电闪"与"雷鸣"之间的秒数越长，雷电离我们的距离也就越远。假设时间差为 10 秒，0.34 × 10 = 3.4，可知此时雷电距离我们 3.4 千米（见 3 月 21 日）。

体验声音的传播方式

选择一个空旷的场所，大家面向右边，按照相等距离排成一行。最左侧的小伙伴使用鼓或笛子，发出短促的声音，听到声音的人举起手来。这样我们就可以看到声音传播的样子了。

声速因气温的状态而异。在气温 15℃ 时，声音在 1 秒内前进约 0.34 千米。气温每上升 1℃，声音在 1 秒内便多前进 0.0006 千米（60 厘米），稍微快了点儿呢。

计算中的数学

减法之后是加法吗

学习院小学部
大泽隆之老师撰写

阅读日期 ✎ 　月　日　　月　日　　月　日

摆一摆减法卡片

图 1

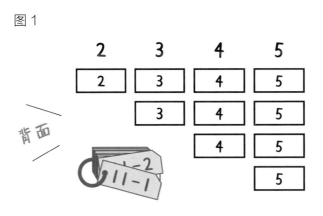

图 2

　　在日本，一年级学生会使用卡片来进行运算的复习。这些卡片正面是算式，背面是答案（图 1）。现在，我们将减法运算的卡片翻到背面。猜一猜，答案为 2 的卡片正面是什么？是"10 - 8""11 - 9"？还是"12 - 10""9 - 7"？

　　正确答案是"11 - 9"。将这张卡片翻回正面，可以看到算式是黑色的。将其他减法运算的卡片翻回正面，如图 2 所示摆好。

　　我们知道，"12 - 10"

和"10 - 8"的差也是 2，那么它们应该怎么摆放呢？

红色算式的卡片，可以摆放在"11 - 9"的上面或下面。按照这个规律，请把其他卡片也依次摆放好。

加法卡片也出现了！

"11 - 9"的上面一行，依次摆放着"12 - 10""13 - 11""14 - 12"等卡片。下面依次摆放着"10 - 8""9 - 7""8 - 6"……"2 - 0"。那么，还能再继续摆下去吗（图3）？

观察答案为 2 的卡片左边的数，从上到下是 9、8、7……3、2。还能再往下摆吗？其实，这里可以摆上"1 + 1"。再往下？就是"0 + 2"。

图3

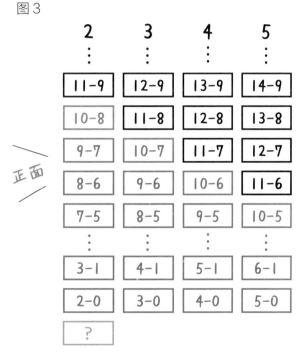

请继续补完右侧的算式。减法卡片的下面，居然是加法卡片，为什么呢？答案就在"迷你便签"。

为什么"2 - 0"的下面是"1 + 1"呢？因为 $1 - (-1) = 1 + 1$。这属于初中学习的内容。利用这个知识，可以再向下、向左补充表格。

放置照相机的三脚架

福冈县　田川郡川崎町立川崎小学
高濑大辅老师撰写

阅读日期　月　日　　月　日　　月　日

照相机下面的架子

准备好了吗？
笑一笑~

在学校拍大合照，或是去照相馆拍照时，摄影师常会在照相机下面支上一个3只脚的架子，于是这个道具就叫作"三脚架"。它的主要作用就是稳定照相机，以达到某些摄影效果。

环视教室和家里，桌子、椅子都是4只脚的，为什么照相机的架子会是3只脚呢？

而且支脚少了，稳定性难道不会变差吗？

在凹凸不平的地方也能用

桌子和椅子一般都放置在平整的地面上。而"三脚架"跟着摄影师东奔西跑，可能会放置在凹凸不平的地方。此时，3只脚的优势就很明显了（图1）。

图 1

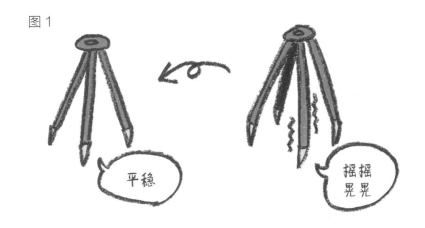

为什么 3 只脚不会摇摇晃晃呢？

假设有 4 支长度不同的铅笔。在上面放一张卡纸后，会发现有一支铅笔没有和卡纸接触，造成了摇摇晃晃的现象。

如果换上 3 支长度不同的铅笔，情况就不一样了。卡纸会以倾斜的方式，和 3 支铅笔都来一个亲密接触（图 2）。

图 2

除了桌子和椅子，你注意过帐篷、梯子等物品的支脚吗？根据使用场合不同，支脚的数量也不同。仔细观察一下我们身边物品的支脚吧。

在冲绳体重会变轻吗

东京都 丰岛区立高松小学
细萱裕子 老师撰写

阅读日期 📎 月 日 | 月 日 | 月 日

地球自转产生的离心力

大家都有过站在体重秤上，称体重的经历吧。假设我们在北极和赤道附近分别称一次体重，结果可能略有出入哟。那么，又是什么造成了体重的不同呢？

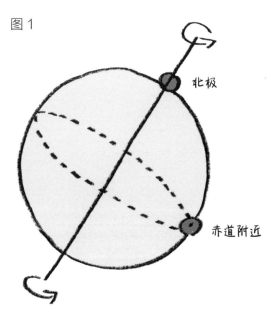

图 1

北极

赤道附近

原因是地球自转产生的离心力。离心力让进行圆周运动的物体，远离它的旋转中心（见 7 月 18 日）。旋转的速度越大，离心力就越大。

首先，我们假设地球是一个球体。因此，越靠近赤道，地球的自转速度就越大，受到的离心力也越大（图 1）。

南北的重力不一样？

地球上的物体，还受到重力（地球吸引其他物体的力）的作用。在地球不同的地方，重力也会有所变化。离心力越大，重力越小。重力 = 引力 - 离心力（图 2）。

图2

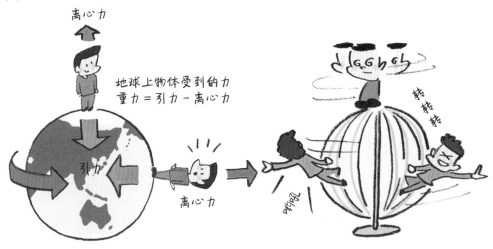

也就是说，物体在赤道附近受到的重力要比北极的小。因此，我们站在赤道附近测量的体重，会发现比在北极的轻一点，而实际上是没有变瘦的。

同样的情况，也发生在狭长的日本。在北海道和冲绳分别称体重，会有一点儿差别。去冲绳旅游的时候，可以称一称体重，变轻了就假装乐一乐吧。

在日本，有可以调整地域的体重秤出售。不具备该功能的体重秤，则被分为北海道型、普通型、冲绳型 3 种型号，人们可以根据地区选择相应的体重秤。

纸飞机 可以飞多久

神奈川县　川崎市立土桥小学

山本直 老师撰写

纸飞机可以飞几秒

很多小伙伴都折过纸飞机吧，那你们测量过纸飞机能飞多长时间吗？1分钟？30秒？在大多数场合，纸飞机最多只能飞10秒。

10秒，看上去是一个很短的时间，不过对于纸飞机来说，这个飞行时间已经算得上很了不起了。人们对于时间的感知是一件神奇的事，有时觉得时间过得很慢，有时又觉得它过得很快。

一节课还有30秒就结束，那么这30秒就是一瞬间。反过来，如果纸飞机可以飞30秒，那么足以成为世界纪录了。

对于时间长短的感知

人类的感觉，有些捉摸不定，不能断言它就是正确的。例如，有的人只学习了 15 分钟，却觉得已经度过了 30 分钟；有的人认真学习了 1 小时，自己却觉得只过了半小时。因此，在规定时间的考试、运动比赛等场合，我们需要不被感觉所左右的钟表和秒表。

如何训练对时间的感知？

在一整天的活动中，大多数人都会有重复的操作。比如刷牙，可能有人每天会换刷牙的方法，但大部分人的刷牙方式还是重复的。因此，在刷牙上花费的时间也是相同的。早上起床后，洗脸刷牙、上厕所、吃早饭，每天做这些事情花费

的时间是差不多的。当这一切成了习惯之后，从起床到出门，每天的时间就固定了。有规律的生活，可能有益于我们对时间的感知。

在每日的工作中重复同样的事情，人们即使不看表，也能大致推测出时间。经验可以训练人们对时间的感知。

你听说过"分油问题"吗

北海道教育大学附属札幌小学
泷泷平悠史老师撰写

阅读日期   月   日   月   日   月   日

分油问题是什么？

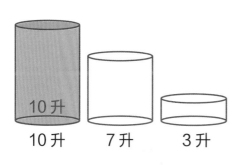

10升   7升   3升

和算，是日本在江户时代发展起来的数学，其成就包括一些很优秀的行列式和微积分的成果。分油问题就是和算中的一道数学趣题。它是什么？该怎样计算？让我们继续往下看吧。

"有一个装满油的 10 升容器，另有 7 升和 3 升两个空容器。怎样才能使用空容器，将 10 升的油，平均分成两份呢？"

将 10 升的油平均分成两份，也就是说一份等于 5 升。如果有 5 升的容器，那就很方便了。不过，我们必须动动脑子，使用 10 升、7 升、3 升的容器去分 10 升的油。来实际操作一下吧。

动手把油分一分！

首先，用 3 升容器从 10 升容器中取出 3 升油，把它倒入 7 升容器中。重复这个操作。

再一次取出 3 升油倒入 7 升容器，因为此时 7 升容器中已有 6 升油，所以只能再倒入 1 升油。

然后，把 7 升容器中的油全部倒回 10 升容器，把 3 升容器中剩余的 2 升油倒入 7 升容器。

再一次从 10 升容器取出 3 升油，倒入 7 升容器中，这时就将 10 升油平均分成两份了。

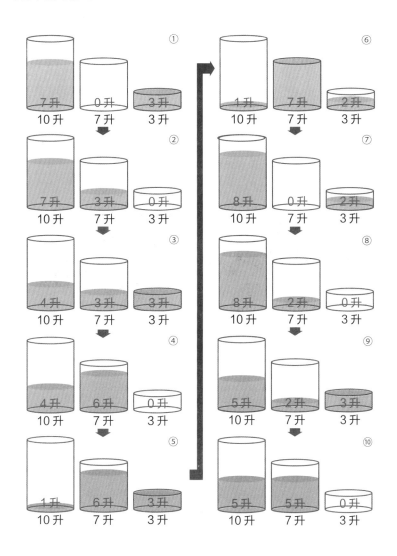

上面这个方法，一共进行了 10 次操作。除此之外，也可以先使用 7 升容器，一共需要 9 次操作。怎么样，来挑战一下吧。

在海上更容易漂浮吗

东京都　丰岛区立高松小学
细萱裕子老师撰写

阅读日期🖊　月　日　｜　月　日　｜　月　日

人在水中漂浮的原因

　　进入到水中，人们会感觉身体变轻了，这是因为受到了水对身体竖直向上托的力（浮力）。

　　比起游泳池，人们会觉得在海上更"容易漂浮"，这是因为不同的水，带来的浮力也是不同的。游泳池的水是淡水，海水则是盐水。那么，为什么盐水比淡水浮力大呢？

　　这其中的奥秘，与水的密度息息相关。密度表示单位体积内物质的质量。1 立方米淡水的质量约为 1000 千克，密度表示为 1000 千克 / 立方米。盐水的密度则是 1030 千克 / 立方米。浮力 = 淡水（或盐水）密度 ×g（重力与质量的比值，数值为 9.8）× 淡水（或盐水）中物体的体积，它的单位是牛顿。

浮力与体积的关系

假设在淡水和盐水中漂浮着物体，物体的体积都是 0.001 立方米。在淡水中受到的浮力是 1000×9.8×0.001 = 9.8 牛顿；在盐水中受到的浮力是，1030×9.8×0.001 = 10.1 牛顿。

虽然水中的物体体积相等，但是我们看到，在密度大的盐水中物体受到的浮力更大。如果在淡水和盐水中漂浮着同一个物体，比较一下它浸在水中的体积，我们可以发现盐水中的物体体积比较小。

也就是说，物体露出盐水水面的部分比较多，所以大家会感觉在海上更容易漂浮。

浮上来？沉下去？

在装满水的水缸中，试着放入各种物品。有的东西很重却能浮在水上，有的东西很轻却沉入了水底。如果物体的密度大于水的密度，它就会沉下去，反之则会浮在水上。快来猜一猜，做一做吧。

在以色列、巴勒斯坦和约旦交界处，有一个叫作"死海"的内陆盐湖。死海的湖水密度达到 1330 千克/立方米，据说，所有人都能漂浮在死海上。

等于 100！小町算

御茶水女子大学附属小学
久下谷明老师撰写

阅读日期 ✏ 月 日 | 月 日 | 月 日

有趣的小町算

今天，我们来玩一种叫作"小町算"的数字运算游戏。小町算的规则，如图 1 所示。

图 1

$$1 2 3 4 5 6 7 8 9 = 100$$

将 1~9 的数字排成一行。每个数字都用上，用 + 和 − 进行运算，结果必须是 100。

比方说
$$123+45-67+8-9=100$$

你可以列出几组算式呢？尽可能多找找吧。

找到很多等于 100 的算式了吗？

除了 + 和 −，也试试 × 和 ÷ 吧，那么你可以组成更多的算式了。

比方说……

1 + 2 + 3 × 4 − 5 − 6 + 7 + 89
1 + 2 × 3 + 4 × 5 − 6 + 7 + 8 × 9

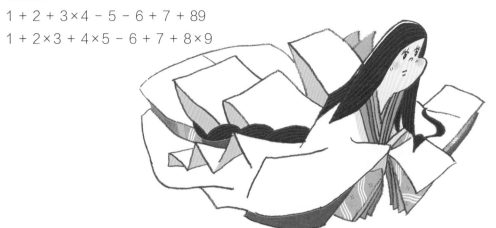

小野小町的传说

小町算在古代日本宫廷女性中很是盛行。它的由来，与小野小町和深草少将之间的传说有关。

小野小町是日本平安初期的女诗人，也是一位绝色美人。她退出宫廷后，住在京都山科区，慕名求爱的男性源源不绝。其中，出身高贵门第的深草少将对她一见钟情，真挚地向她求婚。然而并不想结婚的小野小町，为了拒绝他便提出了一个条件："如果你能够连续 100 个夜晚来相会，我就接受你的爱。"于是深草少将恪守诺言，风雨无阻每夜都到小野小町的住处来看她。99 个夜晚过去了，就在最后 1 个晚上，深草少将终于因为寒冷和疲累，倒在了小野小町的门前，再也没有醒来。

这真是一个令人悲伤的故事。

在玩小町算的时候，可以改变数字的排列顺序，变成"987654321"；或是改变结果，如规定结果必须是 99……这样就可以自己创造趣题，挑战趣题了。